绍兴饭店更新改造图录

SHAOXING HOTEL RENOVATION ATLAS

胡慧峰 主编

山水质有而趣灵

中国建筑工业出版社

图书在版编目（CIP）数据

绍兴饭店更新改造图录 = SHAOXING HOTEL RENOVATION ATLAS / 胡慧峰主编. -- 北京 : 中国建筑工业出版社, 2025. 2. -- ISBN 978-7-112-30739-5

Ⅰ. TU247.4-64

中国国家版本馆CIP数据核字第202549H66U号

责任编辑：唐旭
文字编辑：孙硕
责任校对：王烨

绍兴饭店更新改造图录
SHAOXING HOTEL RENOVATION ATLAS
胡慧峰 主编

*

中国建筑工业出版社出版、发行（北京海淀三里河路9号）
各地新华书店、建筑书店经销
天津裕同印刷有限公司印刷

*

开本：880毫米×1230毫米 1/16 印张：12¼ 字数：181千字
2025年4月第一版 2025年4月第一次印刷
定价：149.00元

ISBN 978-7-112-30739-5
（44085）

《绍兴饭店更新改造图录》
编委会

目录

源◦绍兴饭店简史 006–027

起◦新建大堂 028–070

承◦新建多功能厅 071–107

转◦府山隐和府山悦 108–176

合◦山水质有而趣灵 177–188

续◦府山怡 189–191

源◦绍兴饭店简史

绍兴饭店，位于浙江省绍兴市越城区环山路 8 号，北贴府河，南靠卧龙山（又名府山），东邻城市广场，西为府山西路，是一家极富历史文化底蕴的五星级园林式旅游涉外酒店。其曾经接待了数以百计的党和国家领导人、外国政要、国际友人、文人墨客和名士名人。古朴典雅的建筑群配以白墙黑瓦、曲径回廊、小桥流水、花木扶疏，具有浓郁的江南民居特色和古越风貌特征。

1958 年，以凌霄阁为基础，改为“绍兴地区交际处”，也是绍兴饭店的前身，当时，负责一些政府外事接待工作，1967 年改名为“绍兴地区招待所”，20 世纪 80 年代正式改名为“绍兴饭店”。饭店连年被评为“全国最佳旅游涉外饭店”和“全省最佳旅游涉外饭店”，并获浙江省首批“绿色饭店”荣誉称号等诸多荣誉。

近年来，随着城市发展的需要，绍兴饭店经历了多次改建和扩建。2018 年，为进一步提档升级，拆除了原 3 号楼，改为饭店新大堂，原大堂更新为会议室；向府山西路征地，扩建了能容纳千人的多功能厅，并对部分建筑进行了室内改造；2019 年，提升工程二期再次动工，以环山路为轴，围绕现饭店区域和府山两翼，进行了进一步升级扩建改造，包括府山隐和府山悦，从而打造成如今绍兴历史古城内最美的“城市会客厅”。

韩宜可别业

？ –1398年

张岱快园

1597–1689年

范文澜 故居

1893–1969年

凌霄社 同善施医局

1922年

绍兴地区交际处

1958年

绍兴地区招待所

1967年

绍兴饭店（浙江省建筑设计院改扩建）

1980年

绍兴饭店提升改造工程一、二期
（浙江大学建筑设计研究院 EPC 总承包工程）

2019–2023年

绍兴饭店提升改造工程三期
（浙江大学建筑设计研究院 EPC 总承包工程）

2023年至今

古道
（记载于宋代史料）
范文澜故
（清代建

绍兴饭店航拍鸟瞰，
摄：2019 年
历史的痕迹

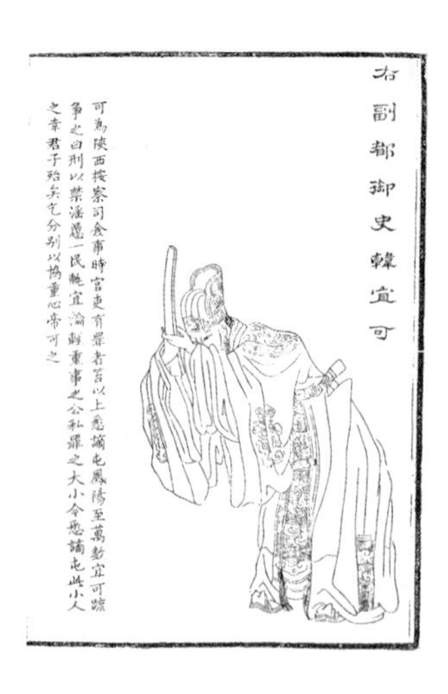

韩宜可

？ –1398 年

明朝言官祖师爷。据《明史》记载: 韩宜可，字伯时，浙江山阴五云人。元至正中，行御史台辟为掾，不就。洪武初，荐授山阴教谕，转楚府录事。寻擢监察御史，弹劾不避权贵。

张岱

1597 – 1689 年

明末清初史学家、文学家，字宗子，又字石公，号陶庵、陶庵老人等，别号蝶庵居士，山阴(今浙江绍兴)人，从未入仕。

范文澜

1893 – 1969 年

字芸台，后改字仲澐(一说字仲潭)，笔名武波、武陂，浙江省绍兴市人。中国历史学家，是马克思主义史学开拓者之一，被誉为“新史学宗师”。

绍兴饭店相关史

饭店的旧址为明初韩宜可别业，后为韩宜可女婿诸公旦所继承。明末，文学家张岱带着仅剩的“破床碎几，折鼎病琴，与残书数帙，缺砚一方”重返卧龙山麓后，将快园内原诸公旦读书处辟为书室，名“渴旦庐”。在其五十岁左右开始僦居（17世纪40年代），在这里一住就是二十四年，《快园道古》就是在这里写就。

张岱的《琅嬛文集》卷二《快园记》记载：“屋如手卷，段段选胜，开门见山，开牖见水。前有园地，皆沃壤高畦，多植果木。公旦在日，笋橘梅杏，梨楂菘菔，闭门成市。池广十亩，豢鱼鱼肥。有桑百株，桃、李数十树……有古松百余棵，蜿蜒离奇，极松态之变。下有角鹿、麀鹿百余头。朝曦夕照，树底掩映，其色玄黄，是小李将军金碧山水一幅大横披寿意图。园以外，万竹参天，面俱失绿；园以内，松径桂丛，密不通雨。亭前小池，种青莲极茂，缘木芙蓉，红白间之。秋色如黄葵、秋海棠、僧鞋菊、雁来红、剪秋纱之类，铺列如锦。渡桥而北，重房密室，水阁凉亭。所阵设者，皆周鼎商彝，法书名画，事事精辨，如入琅嬛福地……”

清末，在此建有“凌霄社”（详见《民国园林》）。

改造前的绍兴饭店
摄：2017 年

府山下的黑瓦白墙。

快园

《越中园亭记》载:“登龙山之阴，见竹木交阴。知为公旦诸君之快园。小径逶迤。方塘澄澈。堂舆轩舆楼，皆面池而幽敞各极其致不必披帏相对。已知为韵人所居矣。”

快园
出自《绍兴百景图》。

范文澜故居
摄：2023 年

范文澜故居

范文澜故居世称锦麟桥范家台门，位于绍兴市越城区府山北麓锦麟桥南堍，系范文澜诞生地和童年、少年时代生活处，现为浙江省党史教育基地。

凌霄社

凌霄社，是一个宗教机构，又是一个慈善机构。因绍兴古称蠡城，故名“蠡城凌霄社”，址在绍兴府山北麓，即今绍兴饭店西首一部分。

凌霄社创设于民国11年(1922年)3月。民国10年(1921年)2月，在绍兴中国银行任职的潘觉、孙尘、冯善、陆勉、朱理、张清、应道、缪生等人信奉佛教，工余之暇，“为参乘大道，时诣诚一坛开乩，叩示训语，以启觉悟之门”。潘氏系上虞崧厦“善坛乩学先进，凡启请乩语，以一时间，能写数千言之文”，颇得行长王子余赏识和支持，同意他们在银行后进屋宇供奉佛像，设乩研究，弘扬佛法。不久，绍兴箔业巨子胡莲、傅仁联袂参与，同时也吸引了杭州、富阳等地同行来绍参加聚会。

“凌霄社”的来历，按该社主持人的说法，是“奉佛谕颁锡社名凌霄社字样，系五年前佛祖降笔于富阳恒济坛，书就匾额，存于该坛”。

民国11年(1922年)2月，潘觉、张清、朱理、应道等人从富阳敬请珍同拱璧的墨宝，即经制就，敬谨悬于社址，由此开始了凌霄社的历史。民国13年(1924年)，凌霄社附设在中国银行内，佛堂窄隘，而皈依弟子渐多，不敷容纳。

经商议，公推胡莲、傅仁为募款主任，购置府山北麓箭场营(即今绍兴饭店所在地址)，鸠工购料，遂即开工，计八闰月落成。是年十月望日，举行宝座升龛典礼。

民国14年(1925年)4月，凌霄社同仁发起在该社西隅建造“大悲殿”，募款购得数亩土地、池塘，前面一进建“越秀山庄”，中间一进造“大悲殿”，殿前开凿七宝池，渡以桥梁。此池和池上的石桥仍完好地保存着，石桥边镌刻“渡世津梁”四字清晰可见。如今，“大悲殿”已被改为绍兴饭店的“凌霄阁餐厅”，成为标志性建筑。

飞翼楼
摄 :2016 年

飞檐翘角，精致优雅。

凌霄社老石碑
摄 :2016 年

细节保护得非常完好的凌霄社石碑。

凌霄社文物保护碑
摄 :2019 年

凌霄社被定为绍兴市文物保护点。

凌霄阁现状
摄：2016 年

绍兴市文物保护点。

渡世津梁桥

位于越城区胜利西路绍兴饭店内，南北纵跨于韩家池西侧的小池之上。韩家池是明代绍兴著名园林——快园的一部分，民国17年(1928年)，由绍兴热心慈善事业的士绅和箔业同仁捐助重金，将快园改建为越中施医施药机构凌霄社。凌霄社主体建筑凌霄阁是当年的“佛教堂”，其前面的这座渡世津梁桥，体现了佛家普度众生的宗教关怀。1949年以后，凌霄社曾几经改建，后扩建为今绍兴饭店。该桥当为创办凌霄社同时所建。

渡世津梁桥系单孔石梁桥。桥长5.90米，桥面净宽1.88米，桥高2.20米，孔高1.00米，跨径3.30米。桥梁板两侧分别刻有桥名，东侧为“度世津梁”，西侧为“渡世津梁”。桥北堍置2级石台阶，南堍左右两侧各有8级石台阶。桥北堍两旁设抱鼓石，南堍不设。桥两侧各置3块实体石栏板，以望柱相隔。每块栏板上部呈圆弧形状，3块栏板共同组成波浪形状，富于动感。望柱上端雕刻成圆灯、葫芦式样。桥北面正对主体建筑凌霄阁。从整体建筑的布局来看，渡世津梁桥相当于古代孔庙中“泮池”上的桥梁，位于整组建筑的中轴线上，位置非常重要。全桥造型雍容典雅且富有变化，不失为园林桥中的佳作。

渡世津梁桥与凌霄阁今为绍兴市文物保护点。

渡世津梁桥

摄·2024 年

保存完好的渡世津梁桥。

渡世津梁桥
摄：2016 年

遗存石桥，绍兴市文物保护点，
韩家池上

韩家池

韩家池，现在位于绍兴胜利路锦鳞桥南，绍兴饭店内。因池原为明代韩宜可宅园家池，故称韩家池。其婿在此读书，又名快园。其时池广逾十亩，池周松径桂丛，万竹参天，后庭重房密室，水阁凉亭，人称琅嬛福地。明代著名散文家张岱居住了 24 年的庭院，应为其著快园道古之所。

清光绪《绍兴府城衢路图》上载有池名。

连廊与韩家池
摄：2016 年

绍兴饭店的连廊和韩家池相映成趣。

绍兴饭店航拍

摄：2016 年

改造前的绍兴饭店。

起 ◦ 新建大堂

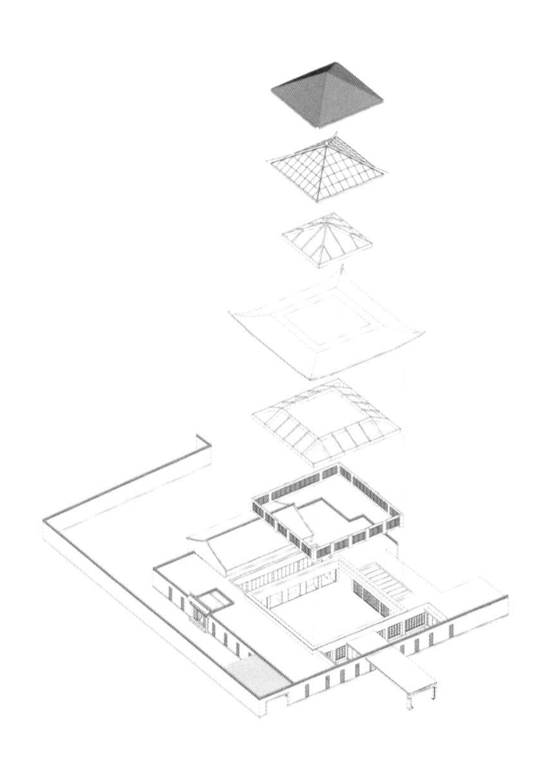

从整体规划出发

绍兴饭店规划用地整合扩大后，环山路拟成为酒店的内部道路，南侧临府山，北侧为现绍兴饭店。一路树木林立，美不胜收，毫无疑问将是未来绍兴饭店的核心园景区域。

如果说，府山山顶的飞翼楼，是整个府山区的辐射核心点，那么与之相呼应的新大堂必将是整个绍兴饭店的中心所在。从飞翼楼上可以俯看到新大堂屋顶和前场的场景，而在前场也能遥望到有着卧薪尝胆之人文典故的府山和飞翼楼。

新建大堂无论从酒店进入的规划距离还是游客体验的心理感受上，都足以达到情绪的高潮。如何在府山路的行进过程中，逐步展示出绍兴饭店入口区的全新风貌，将是新大堂和其所形成的酒店前场的意义所在。

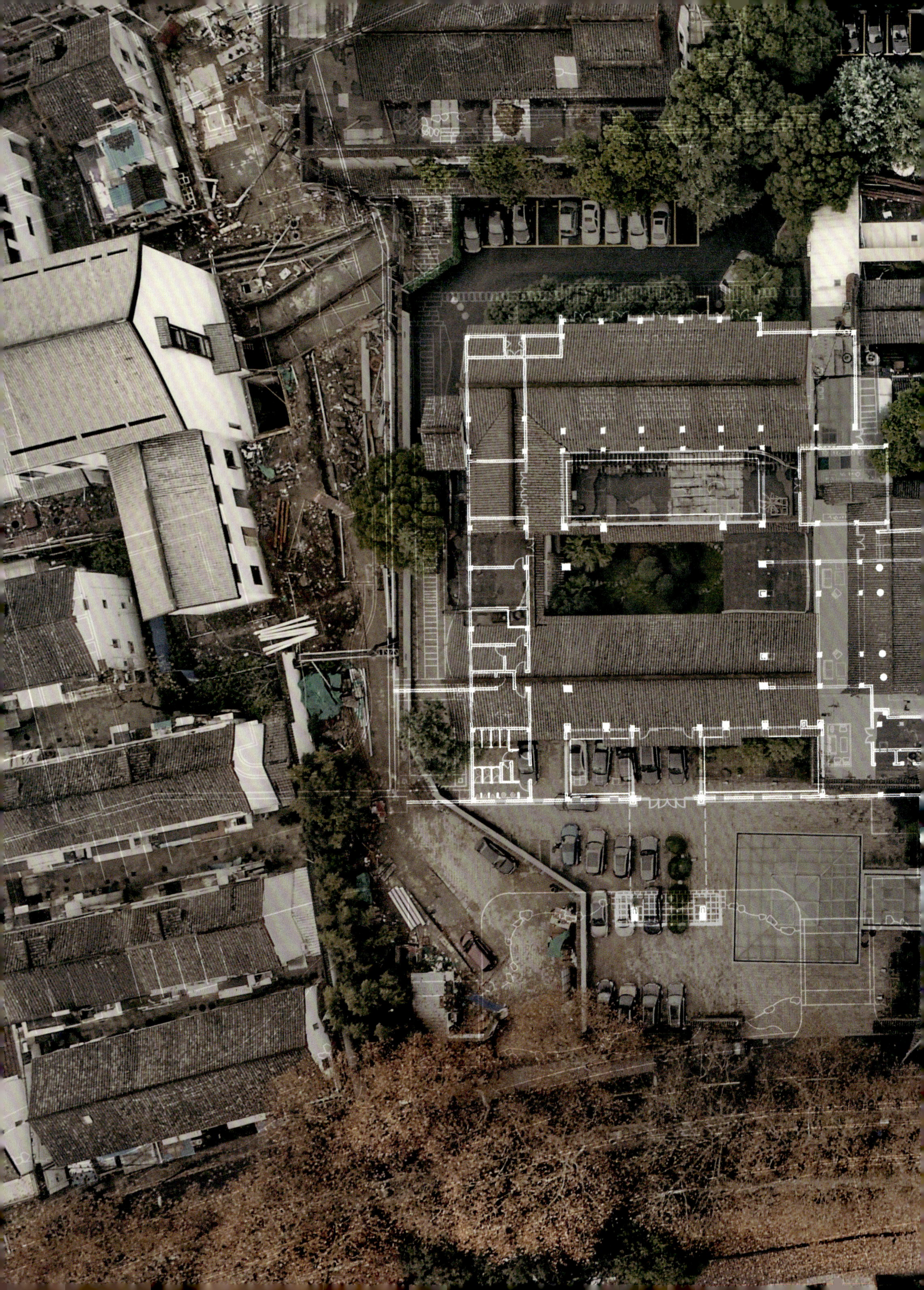

新建大堂与老饭店图底关系
摄：2016 年

原大堂改为会议厅。

改造前的绍兴饭店大堂雨棚
摄：2016 年

改造前的绍兴饭店大堂内部
摄：2016 年

大堂旧的空间，已经跟不上时代的需求。

凌霄阁北墙
摄：2016 年

残破混乱的老巷子。

原绍兴饭店入口石碑
摄：2016 年

混乱的情景，需要重新整合。

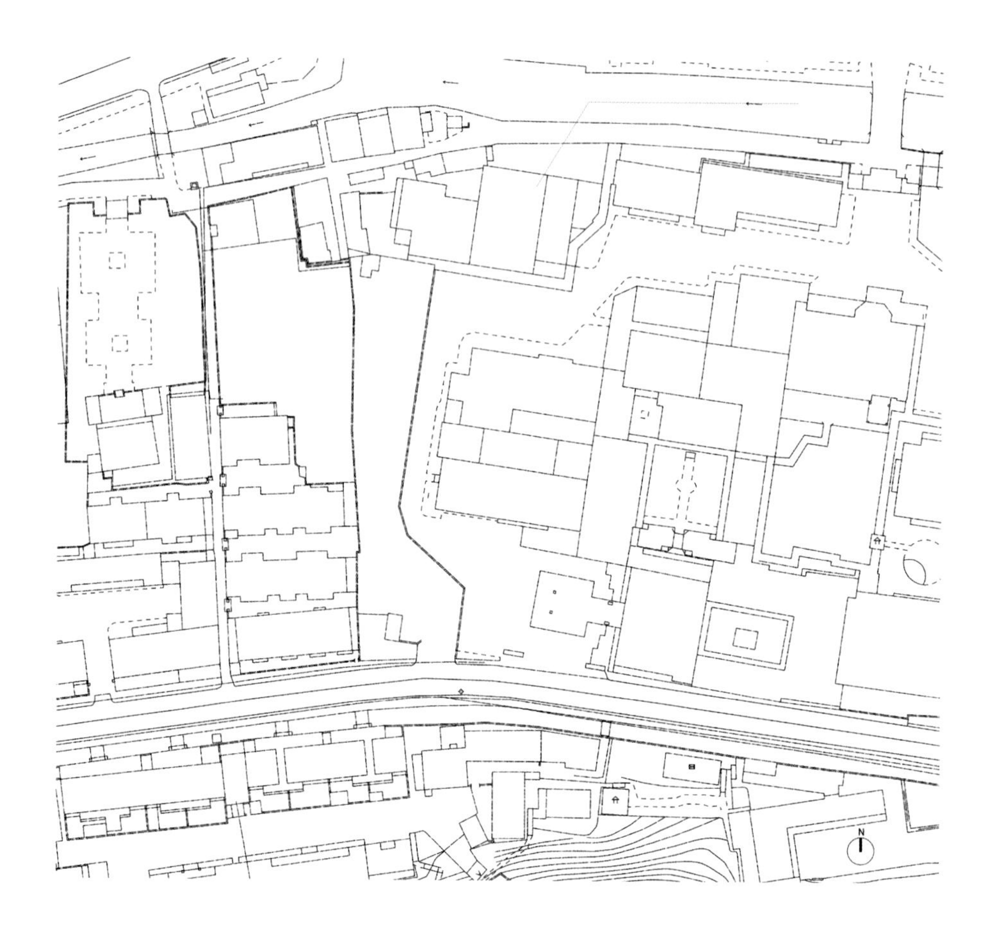

绍兴饭店改造前大堂基址平面图

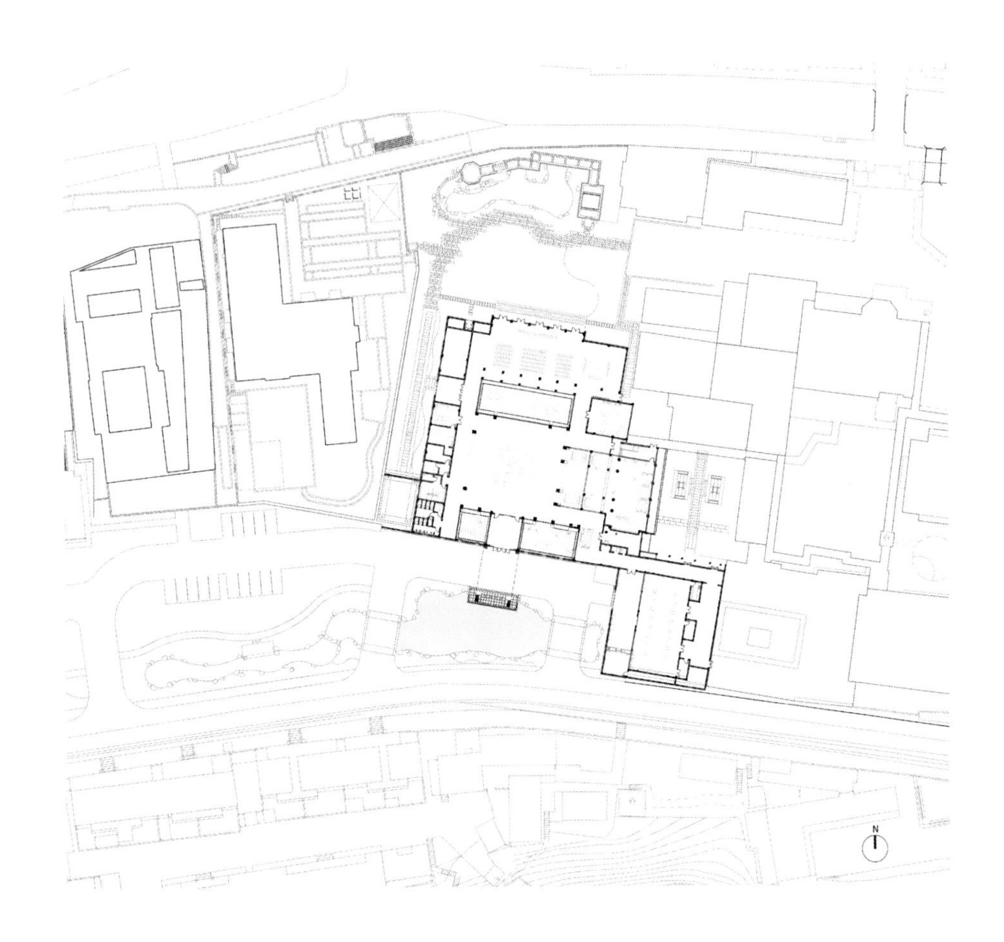

绍兴饭店改造后大堂一层平面图

大堂立面

摄：2018 年

“隐逸”的黑白“墨色”。

新大堂侧面
摄：2018 年

屋面玻璃顶与小青瓦肌理融为一体。

大堂设计鸟瞰图
建筑效果图

室内光穿透屋面散射而出。

大堂立面图

新大堂夜景
摄：2018 年

灯光表达屋面的形态之美。

新大堂的设计与建造，是绍兴饭店改扩建提升中敏感而重要的环节。从拿到设计任务开始，面对不同时间落成的建筑组群，确实有些小心翼翼，生怕打扰了被称为“闹市怡园”的宁静。现代与传统的平衡，空间与尺度的搭配，都是我们在有限的时间里需要思考的内容。一旦屋顶形式确定之后，我们又对南北轴线关系、两处天井、四坡玻璃顶、大堂北侧的石景园等细节进行了深入的推敲。

我们希望新的大堂既能看到历史的传承，同时，又是新绍兴饭店精神的延续；既能满足当前的运营，塑造饭店新的印象，又能完美整合西扩后绍兴饭店新的秩序。

改造后的老大堂
摄：2018 年

保留场所记忆。

规划整合后的绍兴饭店用地东西长，南北短。从既有或未来的交通状况判断，大堂南向入口是最佳的选择，也因此自然形成了一条南北轴线。然而从饭店的景观现状和功能展开而言，南北轴线并不是唯一的轴线，凌霄阁前庭院、知遇楼前水院、贵宾楼和 6 号客房楼之间的庭院形成了一条东西向的景观轴线，新建的大堂必须与其呼应。

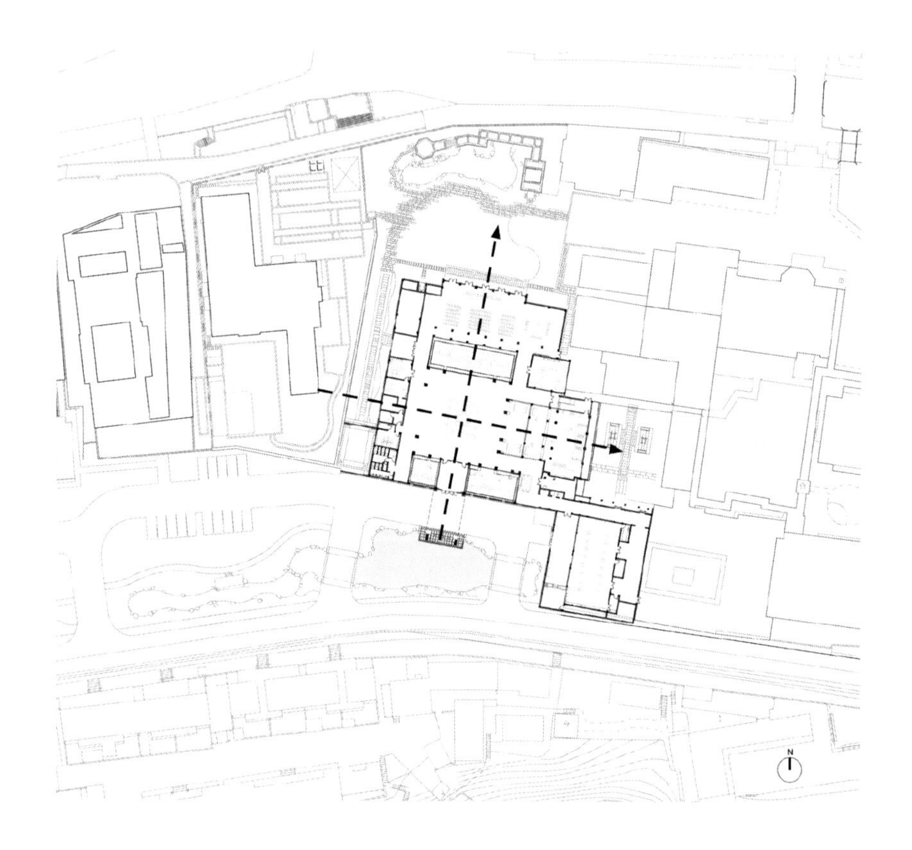

新大堂轴线关系图

东西轴线与南北轴线重塑场地格局。

大堂俯瞰航拍图
摄：2018 年

酒店前场与大堂及内院轴线关系清晰。

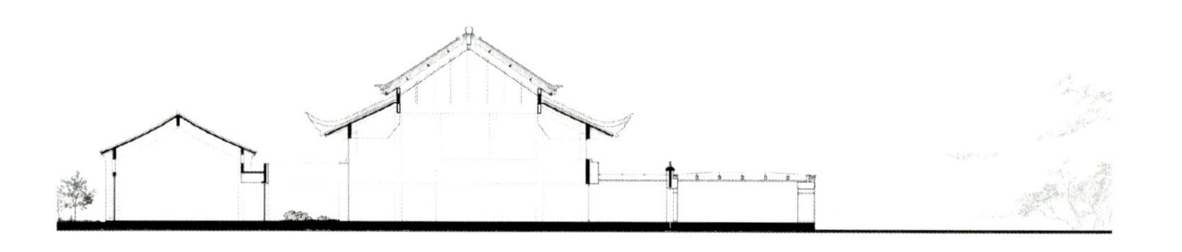

东西向剖面图

凌霄阁前院看向新大堂 1
摄：2018 年

不同时代的建筑融为一体。

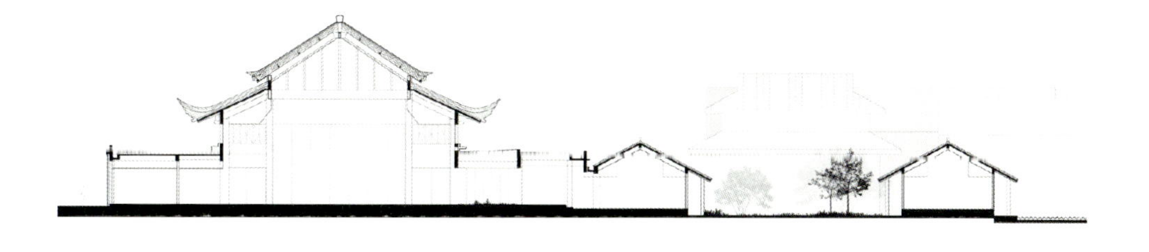

南北向剖面图

凌霄阁前院看向新大堂 2
摄：2018 年

新老建筑融为一体，互相对话。

从韩家池看向新大堂
摄：2018 年

白墙黑瓦玻璃顶，水下倒影熠熠生辉。

新大堂的屋面设计是将一个四坡金属建构屋顶放在一个形成了前后院落和侧开天井等传统空间序列的方盒子上。整个屋顶正好置于新的南北轴与东西向轴线交点上，形式上采用了四坡重檐，其中下檐屋面与东南角原大堂的屋顶采用完全一致的构造细节，而上檐屋面则通过现代语言——钢构、玻璃、格栅等的应用，转述为一个更为现代、更符合当代功能需求和精神表达的建构形象。

新大堂室内实景
摄：2018 年

自然光透过玻璃顶洒入大堂。

南北轴线上的景观石院
摄：2018 年

写意景观和玻璃相映成趣。

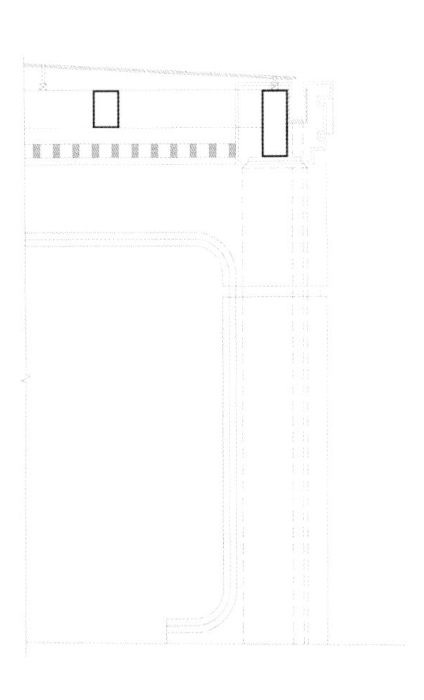

石凳造型雨蓬柱脚

大堂入口雨棚

摄：2018 年

框景成为酒店入口的最佳装饰。

景观石院

摄：2018 年

松、石、水与格栅营造雅致景观庭院。

我们所采用的屋面形制和细节，诸如小青瓦部分的檐口起翘是对老大堂的呼应；花格窗元素的运用是对绍兴传统建筑元素的提炼；入口雨棚柱脚是对天井中石凳造型的演绎，等等。而顶部玻璃四坡顶则是小青瓦屋面的延伸；四坡顶的坡度是屋面举折关系的延续；装饰杆件的尺度更是小青瓦尺度的谨慎演变；屋脊的造型也是基于凌霄阁和老大堂的研究所进行的提炼。进而，通过室内设计和景观规划中的一系列细节再创作，试图从多维度反映绍兴的古越文化和绍兴饭店的风貌特征。

为了让玻璃四坡顶的概念落地到一个可实施的层面，方案之初便与结构、幕墙、内装、古建等专业进行了充分的沟通，以实现完整的、符合国宾接待要求的方正明亮大气可采光的“类庭院”的大堂空间。

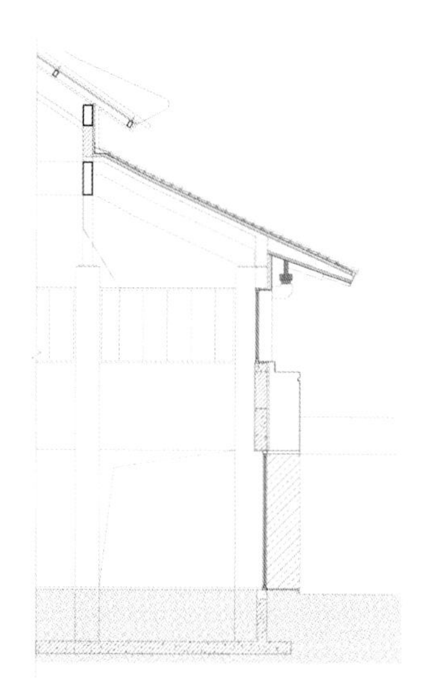

大堂重檐详图

上图：新大堂玻璃顶与小青瓦屋面
摄：2018 年

建筑的细节之美。

下图：大堂内院图
摄：2018 年

山水演绎。

2017 年 12 月 16 日

接到绍兴饭店改扩建提升工程（一期）任务，第一次与业主座谈，了解项目情况。

2017 年 12 月 21 日

对绍兴饭店进行现场调研，发现问题，寻找设计突破口。

2017 年 12 月 28 日
2018 年 1 月 8 日

实地走访绍兴古城，登府山俯瞰绍兴饭店全貌，感受绍兴文化，了解周边情况。

2018 年 1 月 25 日

方案汇报，明确大堂采用四坡顶方案。

2018 年 3 月 22 日

原 3 号楼拆除，3 月 26 日推平。

2018 年 3 月 25 日

边设计（对玻璃四坡顶的坡度、细节再推敲），边施工（原有建筑拆除工作同步进行）。

2018 年 3 月 26 日

踏勘拆除后的现场，对越州厅原有结构进行分析。

2018 年 4 月 3 日

制作模型向绍兴文旅集团汇报方案。

2018 年 4 月 10 日

大堂阀板钢筋完成。

2018 年 4 月 14 日

项目组再次对绍兴传统建筑的部品构件进行调研，对施工图中的细节进行完善。

2018 年 4 月 27 日

与设计院文化遗产研究一所肖院长一起踏勘凌霄阁，与业主一起讨论凌霄阁的改造方案。

2018 年 5 月 3 日

越州厅外墙拆除，与设计院工程检测与更新设计研究所一起踏勘越州厅原有结构，决定对越州厅西侧柱子进行调整，部分拆除，部分加固。

2018 年 5 月 20 日

越州厅屋顶拆除。

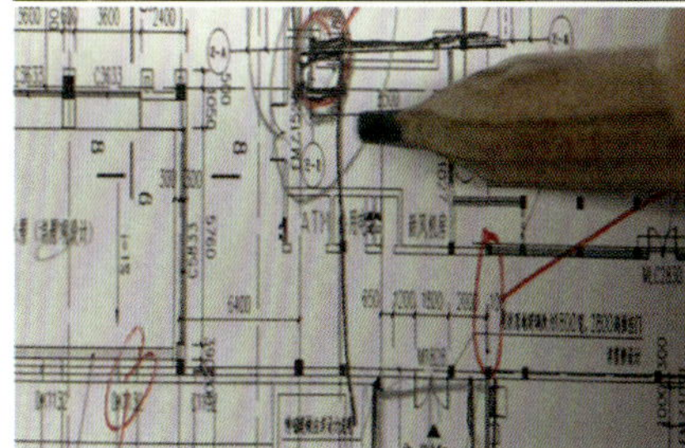

2018 年 6 月 5 日

根据现场情况，降低围墙高度。

2018 年 7 月 3 日

大堂施工现场。

2018 年 7 月 3 日

市委书记带各部门调研绍兴饭店工地，新增对现有套房改造、千杯厅改造、8 号楼南入口改造等任务。完工时间依然是 9 月 30 日。

2018 年 7 月 5 日

大堂屋顶玻璃安装。多功能厅四分之三区域阀板浇筑完成，北侧钢柱开始施工。

2018 年 7 月 5 日

现场协调室外管线综合走向。

2018 年 7 月 6 日

大堂施工现场。

2018 年 7 月 9 日

大堂施工现场。

2018 年 7 月 9 日

大堂玻璃顶安装完成。多功能厅钢柱施工。

2018 年 8 月 4 日

大堂玻璃四坡顶装饰条、屋脊、宝顶安装完成，但存在的问题需要设计师现场调整。

2018 年 8 月 9 日

设计师到现场指挥宝顶高度，在多方认可下，宝顶抬高 20 厘米。

2018 年 8 月 11 日

在胡慧峰老师的带领下，前往绍兴饭店协调大堂泛光亮度问题。

2018 年 8 月 31 日

大堂“水袖”意向主灯安装调试，因未达到设计预期效果，方案调整。

2018 年 9 月 28 日

大堂北侧景观初步完成。

2018 年 9 月 28 日

大堂西侧台门问题现场讨论。

2018 年 10 月 5 日

大堂主灯方案修改完后，重新安装。设计师现场指导调整灯的高度，以确保大堂主对景的完整。

2018 年 10 月 9 日

设计院各专业前往饭店就整改意见进行协商，明确会前必须整改完成的意见。

2018 年 10 月 21 日

整改意见基本完成，大堂已经投入使用。新增多功能厅厨房，要求在 10 月 30 日前完成。

承°新建多功能厅

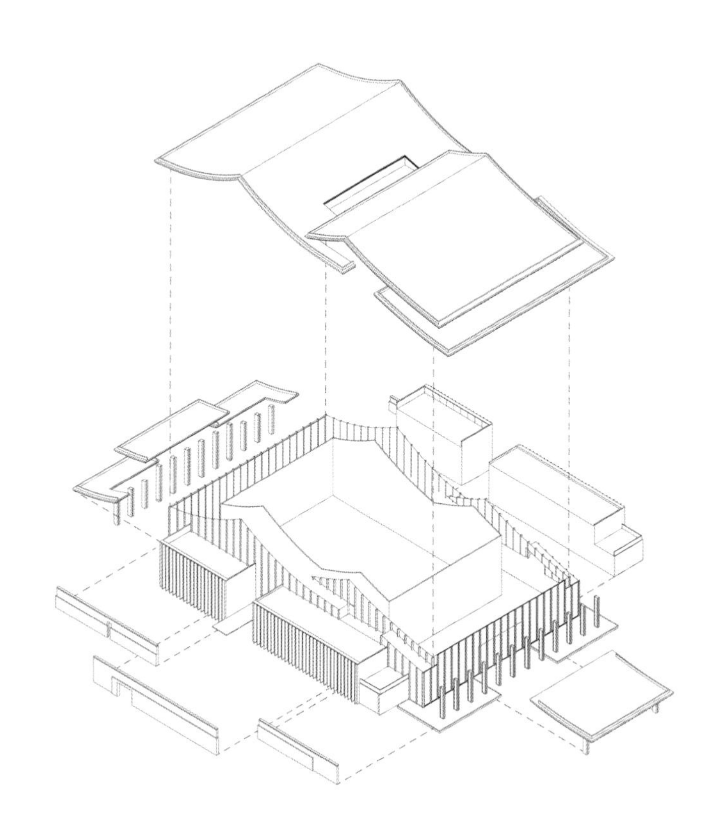

绍兴饭店改扩建提升工程之新建多功能厅，建造在扩址后的用地西侧，拆除了原交通局旧址，与府山西路及城市公园相邻，南靠用地南侧的主干道环山路。

新建多功能厅总建筑面积 7978.34 平方米，主体一层，局部三层。

新建多功能厅鸟瞰图

摄：2019 年

上图：多功能厅选址曾经的小广场
历史照片

广场休闲的居民。

左下图：老小区
历史照片

右下图：民宅和荒地
历史照片

曾经的多功能厅旧址
历史照片

繁华的城市微观缩影。

建筑无论立意多高，落地何处，终归还是起源于生活。对这片场地最直观的第一印象，是略显嘈杂的街道，混杂着鸟鸣与喇叭声，大城市中再熟悉不过的小公园，偶有路人行色匆匆，但更多的是老人闲庭信步，大话家常。日常化的生活场景，繁华的城市微观缩影，大约是日后讨论这座建筑时，避不开的点。我们也尝试从更广泛的视角来审视基地的自然与文化属性，绍兴饭店百年的传统建筑，集吴越文化于大成的府山，以及深入骨髓的绍兴人的文化底蕴，由此，设计师的“野心”和“企图”开始显露。我们已经不满足于塑造一个理性完美的功能盒子，来填充日益扩大的物质需求——任务要求在如此局促之地，建造一个立足现在，放眼未来的千人会堂。我们也拒绝复制城市场景，一味追求现代化甚至标志性的形式主义——当然建筑师是需要坚守审美操守的。设计从最开始就试图规避大刀阔斧地除旧迎新，巧妙地寻求山水意向的融合，在这复杂的城市生活场景外，以一个旁观者的姿态，造一座恰如其分的城市山林。

这种构想，几千年前还不专属于建筑师。从白居易提出的中隐城市的论调，宋人杨万里彷徨的“城市山林难两兼”，到米芾的具有思辨意义的“山居两兼”。中国文人的入世出世，已经将中国城市造园的意向，提升了好几重境界。山水自然，融入城市的起居生活。

设计师追求的也不过是谭惟则那般“人道我居城市里，我疑身在万山中”的洒脱与豁达。

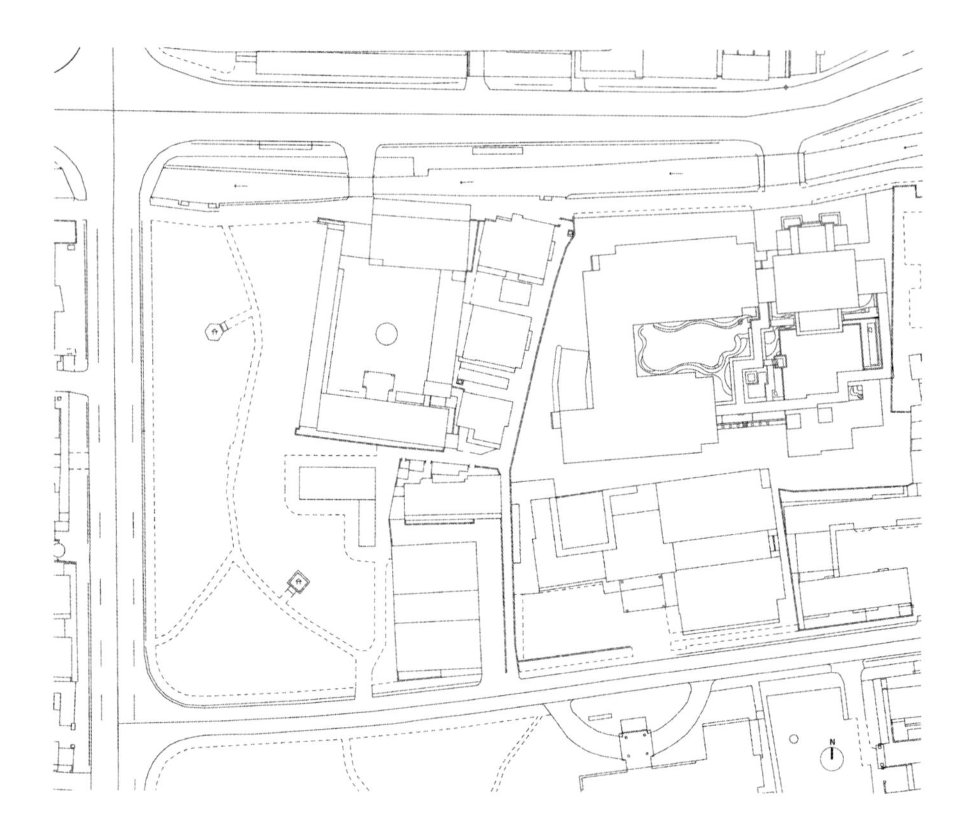

绍兴饭店多功能厅建造前基址平面图

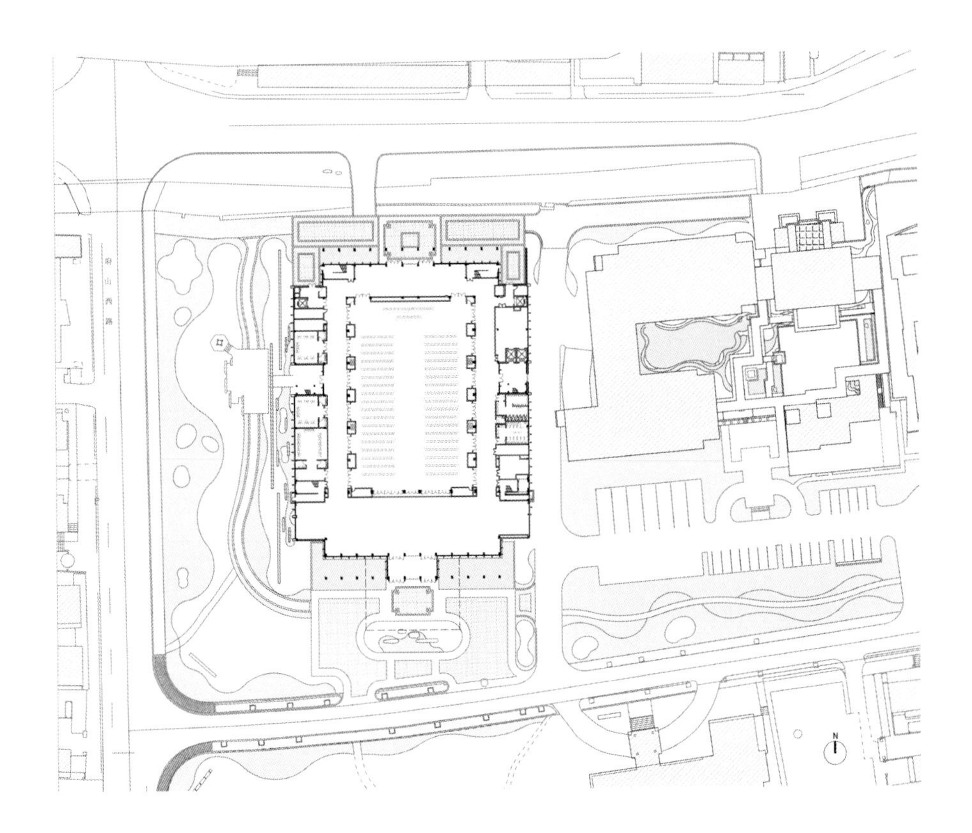

绍兴饭店多功能厅一层平面图

多功能厅设计鸟瞰图
建筑效果图

设计者应充分考虑观察者对这种情境的感悟与体验，将设计的意图通过特定场景的塑造与路径的设定，多维度多角度地刺激体验者的观感。

建筑北侧的屋檐解构重组，使高低错落的檐口与路对面大通学堂的灰墙重檐呼应对话，让人产生时空场景的错觉，完成从传统到现代的完美过渡与提升。

建筑西侧的界面则强调与城市日常生活场景的融合，透过公园疏疏密密的树丛，控制观察者在游走过程中若隐若现的视觉体验效果。建筑前后形体的差异化处理，线性的屋面交错曲折，遮蔽其下大尺度的会议空间，从而弱化建筑体量，形成静态的观察背景。高低错落的几组片墙，隔离了其内的辅助用房，同时被设计成暗示引导观察路径的重要节点，游走间，切换城市与山林的不同场景，片段化的意向呈现出蒙太奇式的独特效果。

南侧是最为正式的建筑形象展示面，强调直接而纯粹的渲染力量。延展的雨棚，限定了第一层级空间，柱列、水面与挑檐，勾勒出第二层级空间，而建筑内部隐约的光影，似乎暗示更加深远的第三、第四层级空间，或未可知。不同层级的空间，如同相机镜框中的景深，丰富了视觉体验的深度与广度，渲染了仪式感与序列感，咫尺之间却有无穷深意。

环山路看多功能厅主入口
摄：2019 年

立面水平舒展延伸，减弱对体量的实际感知。

多功能厅东南角透视图
摄：2019 年

消解的体量融入景观绿化中。

八

多功能厅主入口透视
摄：2019 年

消解的体量融入景观绿化中。

檐口细节和桥面
摄：2019 年

重要的檐口细节。

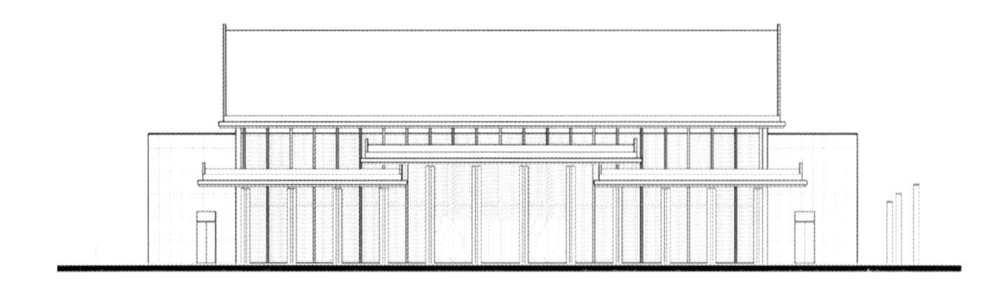

多功能厅北立面图

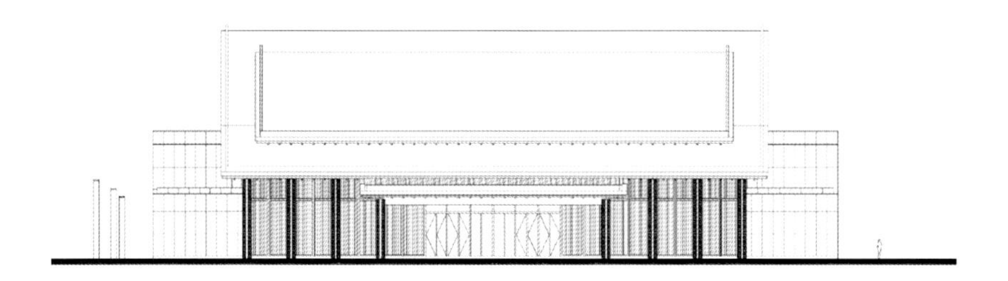

多功能厅南立面图

檐口细节
摄：2019 年

黑白灰的光影效果。

上图：檐下空间
摄：2019 年

水面的倒影。

下左图：重叠的屋檐
摄：2019 年

下右图：多功能厅铜立柱
摄：2019 年

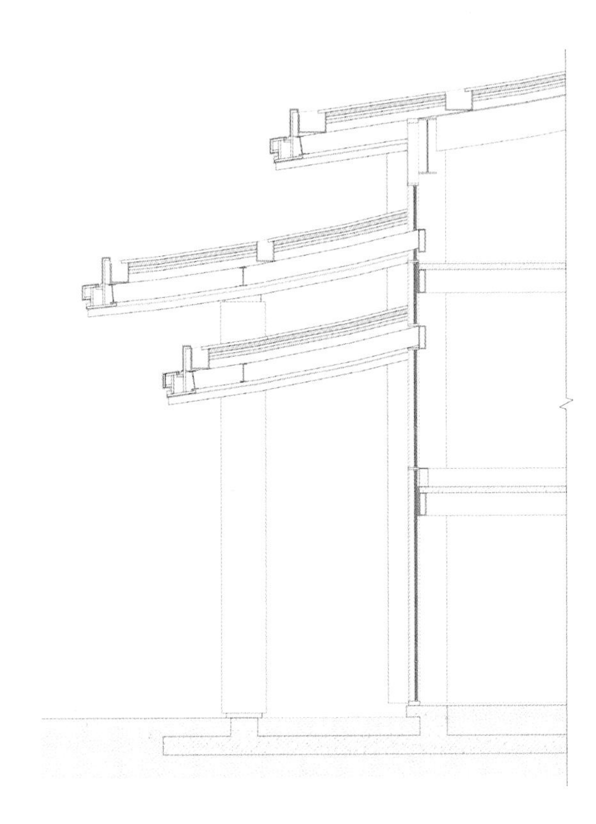

雨棚细部

多功能厅西侧鸟瞰图
摄：2019 年

屋面交错曲折，弱化建筑体量。

中国园林擅长小中窥大，以一块假石，一小潭水，假作山势雄伟，水光潋滟状。由此可见细节的重要与想象的伟大，设计中的留白，赋予观察者更多参与和互动的可能性。山墙上刻意设计的看似不经意的洞口，提供了无限的遐想，透出来的可能是一株梅花，一片假山，一簇人影，却让人体味日景转换四季交替之美，体味一座生动的房子。

同时，建筑师又思量将这巨大的体量，举重若轻地小心安放在这带着城市市井气息的小公园中，隐没于绍兴大大小小的传统院落内。曲曲折折，才得见其一角，兜兜转转，方窥其七八，令人意犹未尽。建筑的四个界面，分正侧，分向背，强调不同的气质与恰到好处的宜人尺度。北侧融入街道巷陌，小尺度的柱子与檐口，瓦解了体量，化解了空间局促之感; 西侧渗透自然景观，强调屋顶的曲折线条与错落的雅致墙面，弱化了其间的实体形态，与公园中保留的传统尺度的亭阁，一点一线一面，相得益彰;南侧通过对传统屋面的解构与错位重组，强调建筑的纵向景深层次，柱列与水池，光线与倒影，则通过视觉的水平延展性，减弱对其体量的实际感知。

多功能厅西立面透视图
摄：2019 年

公园友好的尺度关系。

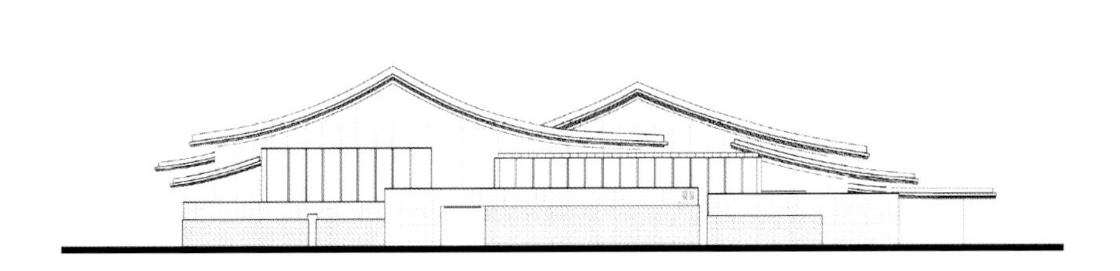

多功能厅西立面图

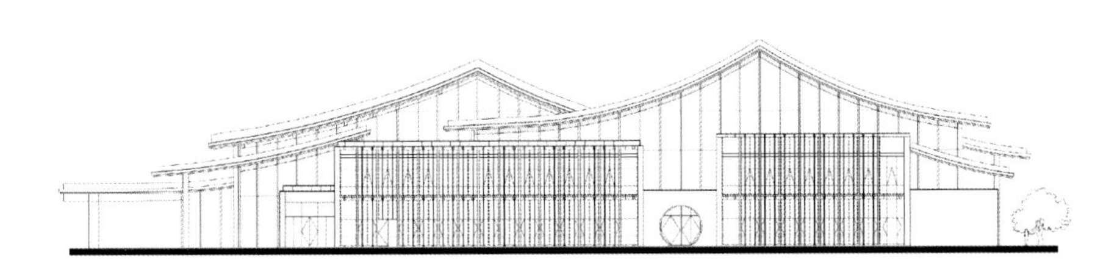

多功能厅东立面图

多功能厅西立面

摄：2019 年

连续的屋顶线条勾勒出大屋顶走势，表征连绵的山势，高低错落的片墙构成生动的建筑侧面。

多功能厅西立面镂空花窗
摄：2019 年

雕花镂空窗扇与模数化柱列。

多功能厅室内立面
摄：2019 年

外部形式与模数的延伸。

多功能厅室内
摄：2023 年

多功能厅内景 1
摄：2019 年

多功能厅内景 2
摄：2019 年

2018 年 6 月 4 日

与业主、施工单位一起踏勘多功能厅场地情况，共谋多功能厅项目推进计划。此时大堂屋顶钢结构恰逢完工。真正的挑战从此开始。

2018 年 7 月 2 日

拆除工作结束，场地平整。

2018 年 7 月 9 日

多功能厅现场。

2018 年 7 月 16 日

多功能厅钢楼梯安装、二层楼板制模。原变电所拆除，进行全面施工。

2018 年 8 月 3 日

多功能厅三层楼板混凝土浇筑。

2018 年 8 月 9 日

多功能厅金属屋面龙骨施工。

2018 年 8 月 28 日

现场解决多功能厅钢结构施工误差无法满足檐口装饰高度问题。

2018 年 9 月 7 日

多功能厅基础结构验收。

2018 年 9 月 18 日

多功能厅檐口安装。

2018 年 9 月 18 日

多功能厅西侧景墙砌筑，现场解决干挂石材和青砖的交接问题。

2018 年 9 月 27 日

南北铜柱安装。

2018 年 10 月 29 日

项目通过竣工验收，期待已久的绍兴饭店一期改造工作正式完成。

转°府山隐和府山悦

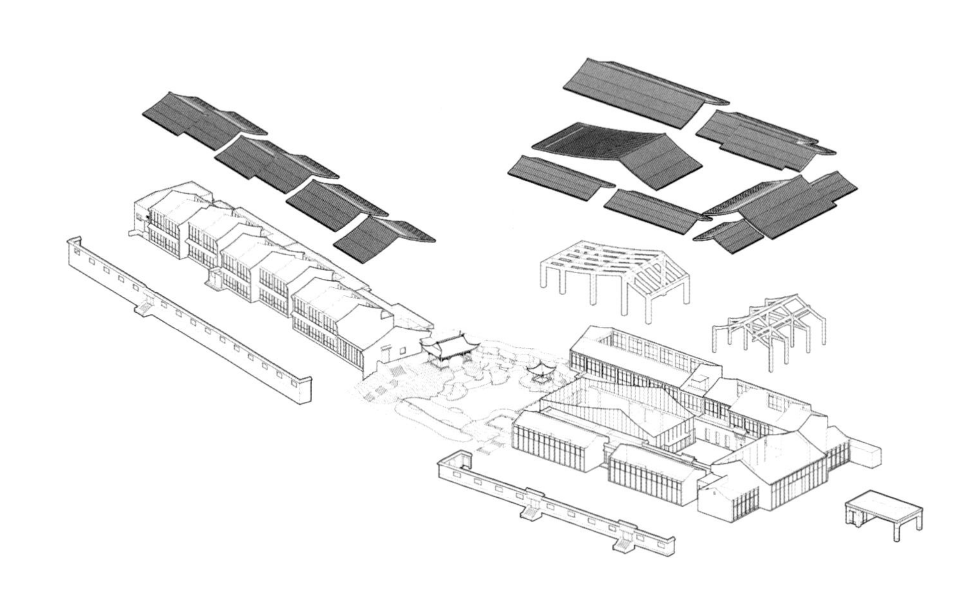

府山悦

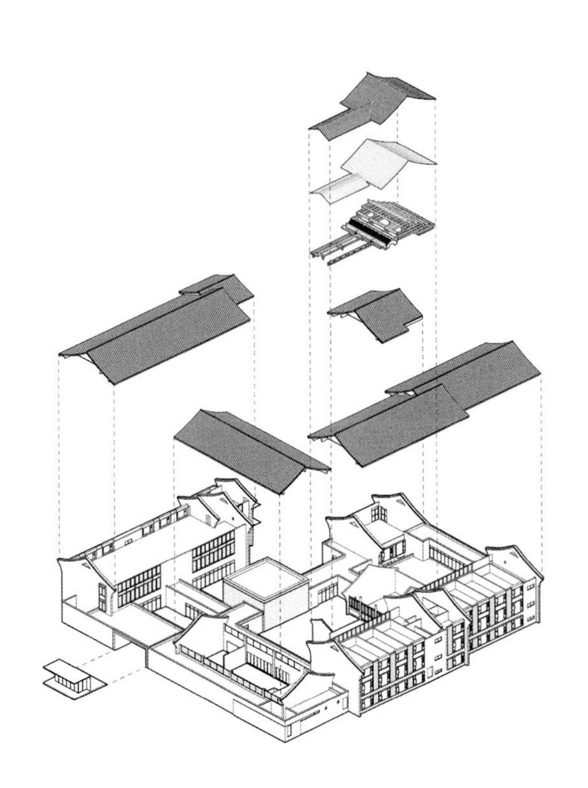

府山隐西入口广场鸟瞰图

摄：2023 年

建筑消隐于府山脚下。

改造前环山路边干休所次入口
摄：2018 年

环山路
摄：2016 年

老环山路场景。

干休所主入口
摄：2018 年

沿环山路的梧桐、台门、围墙
摄：2018 年

位于府山脚下的两个子项新建工程延续一期大堂、多功能厅的整体规划思路，选址在绍兴饭店南侧与饭店现有部分，隔环山路相望。府山，作为古城内主要名山，经历了绍兴2500多年的历史洗礼，凝聚着大量的文物古迹。现今作为开放的府山公园，更是绍兴市民晨练、健身、游玩的好去处。在名山脚下，与绍兴饭店主体相望，如何处理好三者的关系是本次设计的重要课题。作为一期功能的延续，补充高端商务接待的空间、满足客房多层次定位的诉求、解决停车困难等问题，是两个子项的重要功能使命。

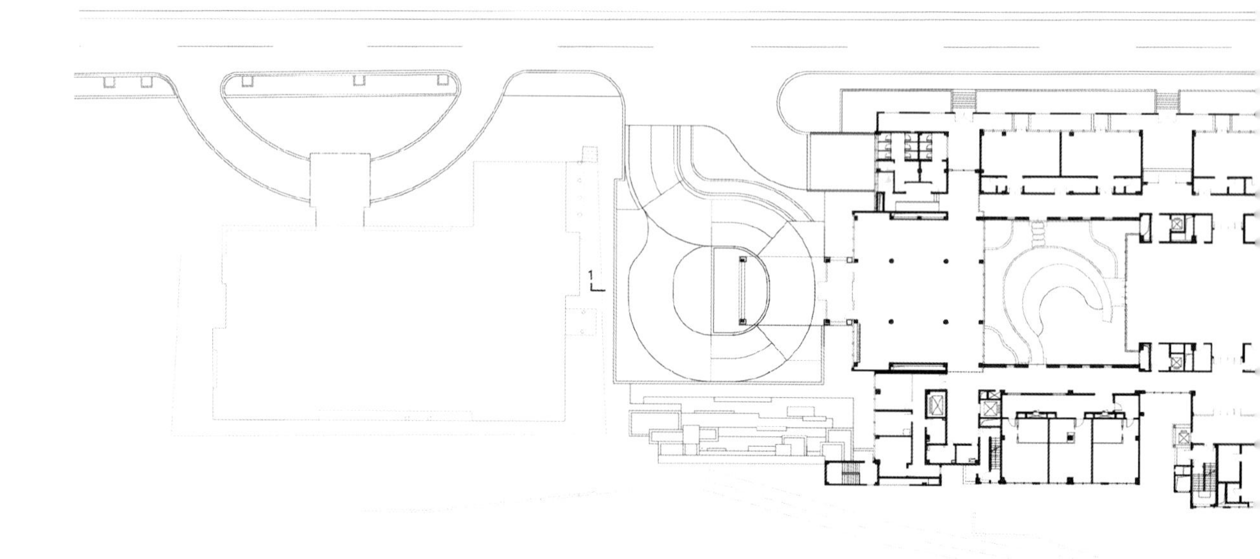

府山隐一层平面图

府山隐的主要功能为高端商务接待区及高端客房区，由大堂、多功能厅、包厢、总统套房、会议、loft 客房等组成。整体布局依府山山形走势，呈线性布置展开。根据场地高差，融入建筑体量，使建筑消隐于山脚树木园林之中。

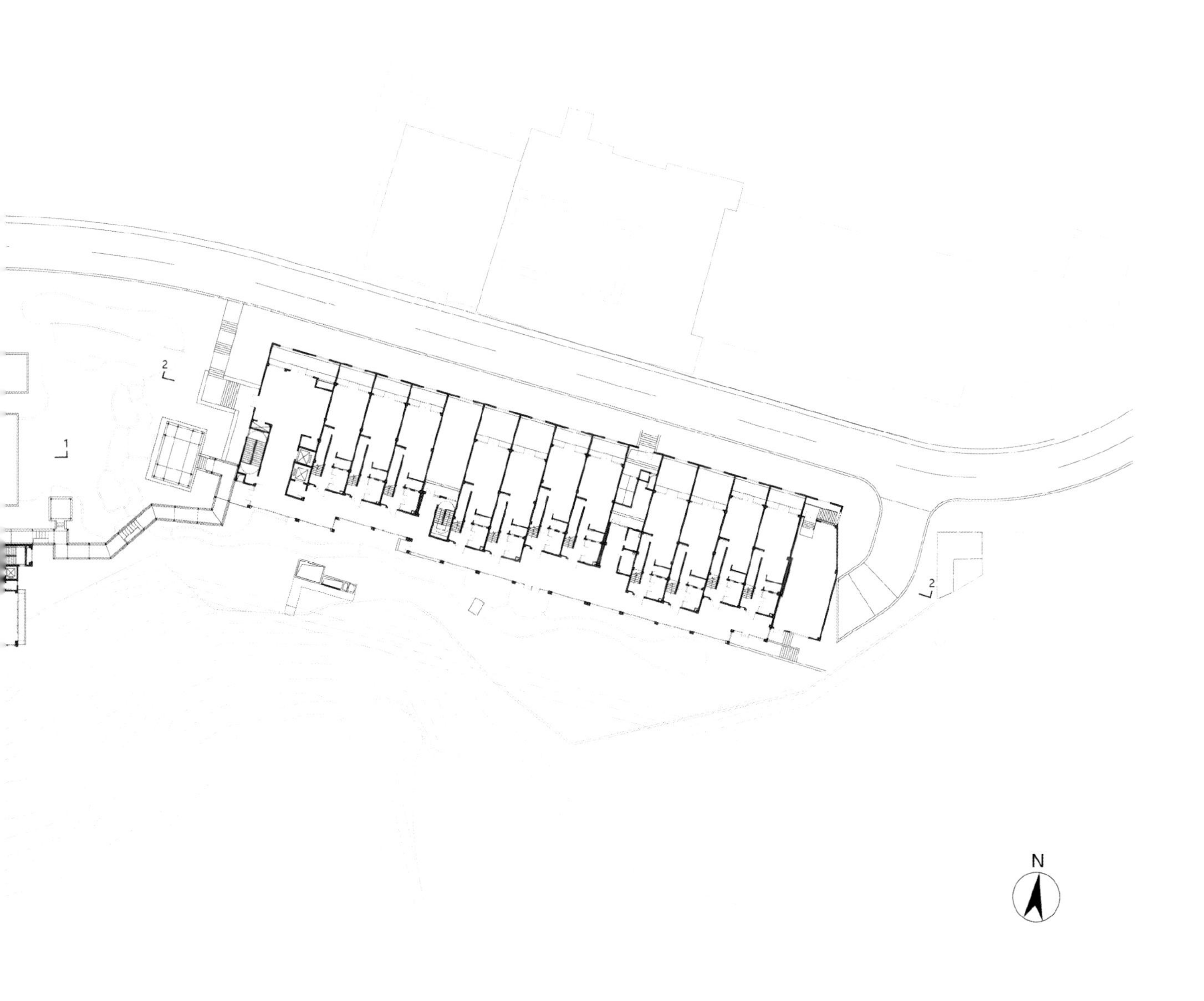
2
1
2
N

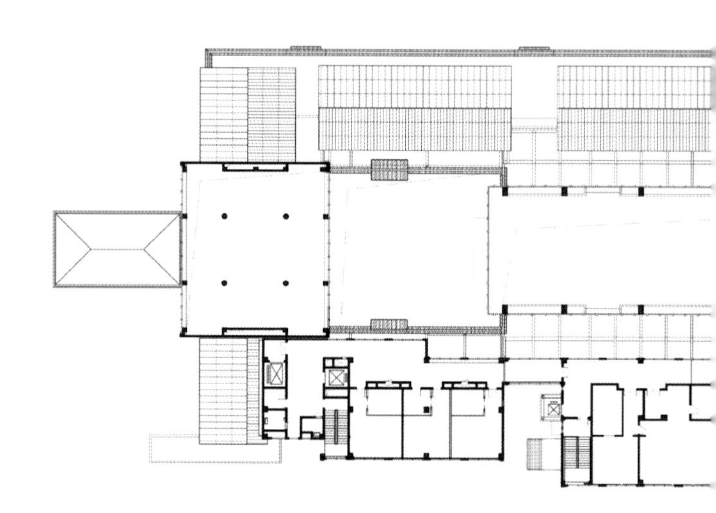

府山隐二层平面图

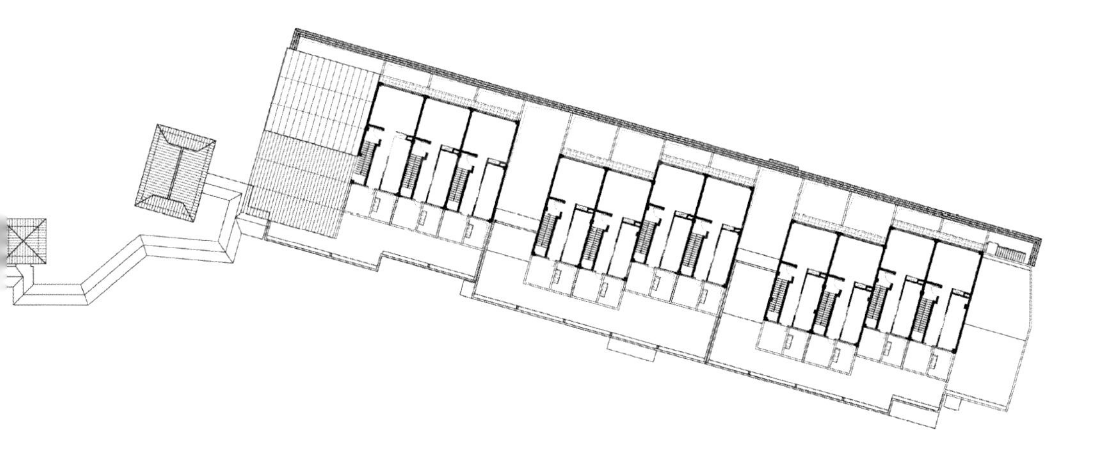

N

府山隐主入口位于场地西侧，入口门厅与友好会馆相对。广场对景叠水延续府山景观风貌。沿街界面和入口景观贡献了城市的开放性，提升了整个区域的人文品质。府山隐西侧片区为围合庭院、传统院落式的布局，粉墙黛瓦，步移景异，描绘出传统文化的诗意气质。错落消解的体量，人字坡屋顶配小青瓦，营造出一番独具匠心的景象。

老大堂与府山隐
摄：2023 年

环山路上的梧桐树、条石台阶、围墙、窗花、绿植、台门，一直是绍兴人的记忆，也是府山的记忆。本次设计策划之初，就确定要保留住这一段的原始风貌与场所记忆。建设过程中因地下室施工需要，把围墙及绿植草坡破除了，但梧桐树未受损害。地下室完工后，随着单体的逐渐成形，对围墙与道路的高差关系、围墙的材质、窗花等都进行了复原。

新大堂与府山隐
摄：2023 年

空间渗透与延续。

景观水池与一期大堂的景观轴线对视关系，巧妙地将山、水、亭、树木作为画面框入一期大堂内。保留下的梧桐树继续诉说着传统文脉的历史风骨，游客、市民在这个窗口里领略着府山景色的四季变化。

中央庭院看向一期大堂
摄：2023 年

空间融合，彼此如画。

大堂看向府山隐中央核心景观
摄：2023 年

府山隐中央核心景观设计
摄：2024 年

环山路与两侧的新老客房
摄：2023 年

上图：环山路西段场景重建
摄：2023 年

下图：环山路东段场景重建
摄：2023 年

中央景观叠水庭院
摄：2023 年

府山隐大堂顶视图
摄：2023 年

层层递进的院落。

雨棚、建筑、游廊、通道等交相组织，各个单体围合成大小不一的景观庭院。穿行其间，步移景异，溪水潺潺，绿树掩映，亭台回廊，小巧别致，充分体现着江南园林的情境与雅趣。

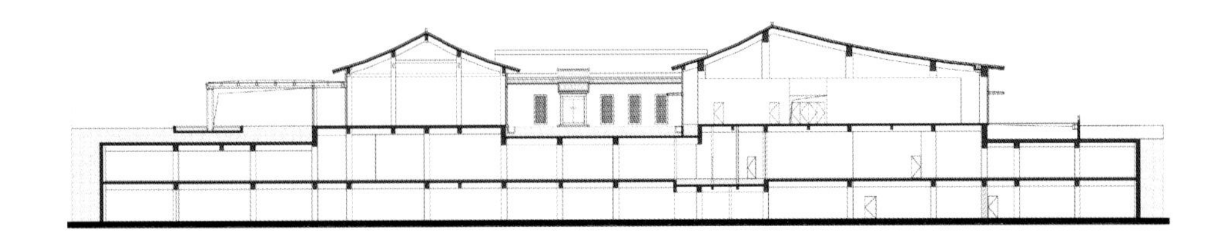

府山隐剖面图

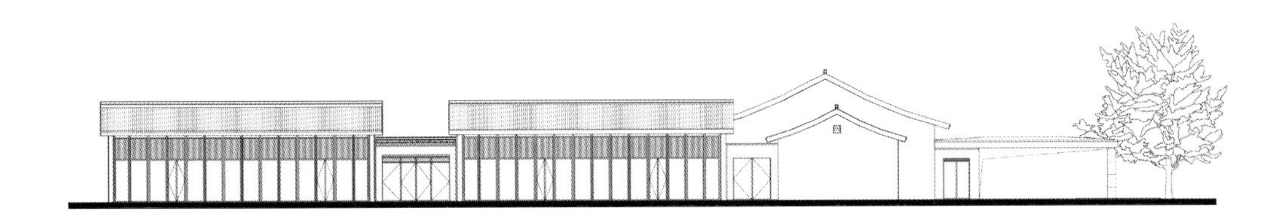

沿府山路北立面图

府山隐内庭院实景图
摄：2023 年

府山隐内庭院景观与建筑
摄：2023 年

府山、建筑、内庭院景观的关系。

酒店景观的打造遵循隐逸、高端的营造目标。高低错落的植物搭配，叠石理水，水石相映。清丽婉约、秀丽典雅。

建筑与景观
摄：2023 年

亭子里看向一期大堂
摄：2023 年

亭子与游廊
摄：2023 年

台门与玻璃幕墙
摄：2023 年

台门细部
摄：2023 年

幕墙上的花格栅
摄：2023 年

建筑的形体塑造与绍兴饭店的风貌保持一致，但在传统形制的基础上，植入新的材料和做法。铝板檐口收边、大面积玻璃窗、石材等让一座传统的民居样式建筑充满现代雅致的韵味。台门作为绍兴最有特色的建筑文化符号，巧妙地设置于重要的空间和入口节点，台门的细节从绍兴的传统做法中提取。不同的部位细节做法有所不同。

幕墙外的花格栅延续一期大堂、多功能厅的设计手法，但形式上有所创新。用铝格栅代替传统的石材花格做法，更显轻盈与朦胧感。

府山隐围墙洞口
摄：2023 年

府山隐大堂
摄：2023 年

室内的色彩与外部统一，大量采用了中国黑石材，构建出整体的色彩感受，以木色吊顶、白色墙面与深色地面相搭配，呈现庄重、典雅的室内风貌。

府山隐大堂与内庭院
摄：2023 年

府山隐大堂
摄：2024 年

府山隐餐厅
摄：2024 年

现代装置转译传统符号。

府山隐餐厅配套
摄：2024 年

现代装置转译传统符号。

府山隐餐厅局部 1
摄：2024 年

现代装置转译传统符号。

府山隐餐厅局部 2
摄：2024 年

府山隐餐厅局部 3
摄：2024 年

府山悦鸟瞰图
摄：2023 年

改造前的张神殿门
摄：2020 年

改造前的外侨办
摄：2020 年

藻井细部
摄：2020 年

门细部
摄：2020 年

梁细部
摄：2020 年

张神殿屋顶细节 1
摄：2020 年

张神殿屋顶细节 2
摄：2020 年

张神殿屋顶细节 3
摄：2020 年

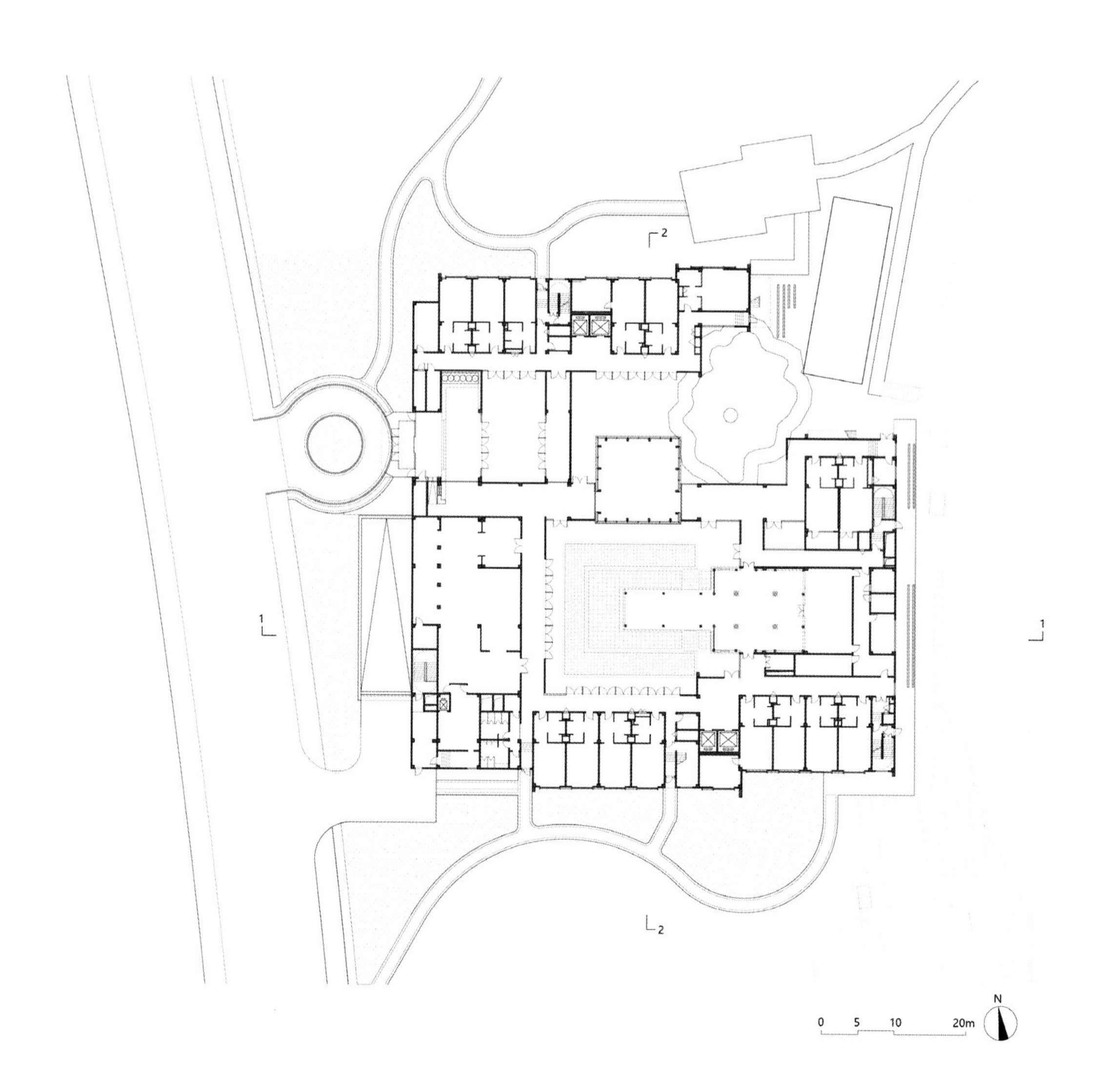

府山悦一层平面图

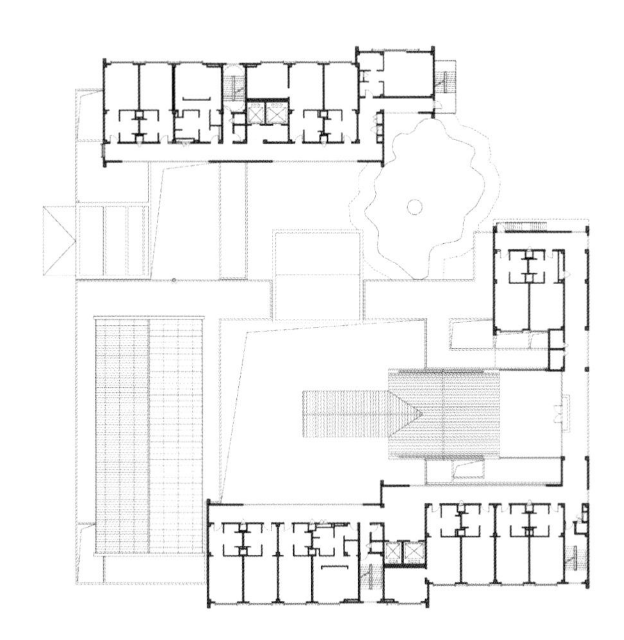

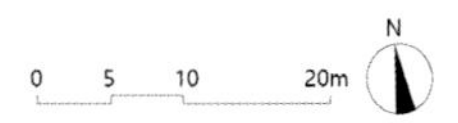

府山悦二层平面图

府山悦顶视图
摄：2023 年

府山悦与樱花林。

府山悦主入口设置于酒店西侧，入口广场串联起府山西路以及樱花林。1~3 层的建筑体量沿路错落展开，天井、内庭院——江南传统民居独特的平面布局方式，自然地与建筑主体相呼应。

府山悦主入口
摄：2023 年

府山悦作为一个独立的整体，可单独对外经营。建筑风貌以白墙黑瓦、人字坡屋顶，呼应着传统民居风貌。

府山悦入口
摄：2024 年

府山悦与入驻的新业态。

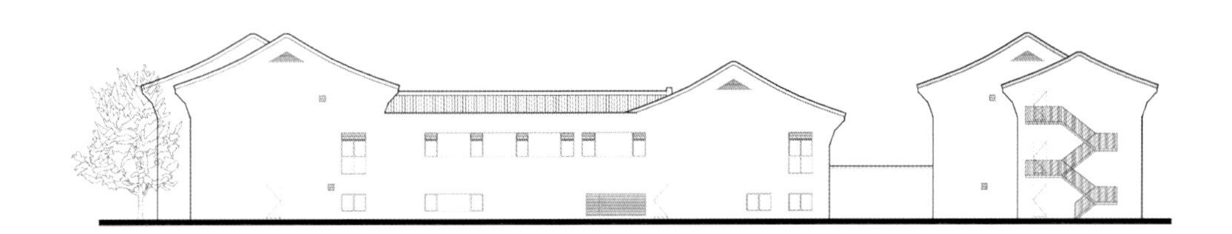

府山悦东立面图

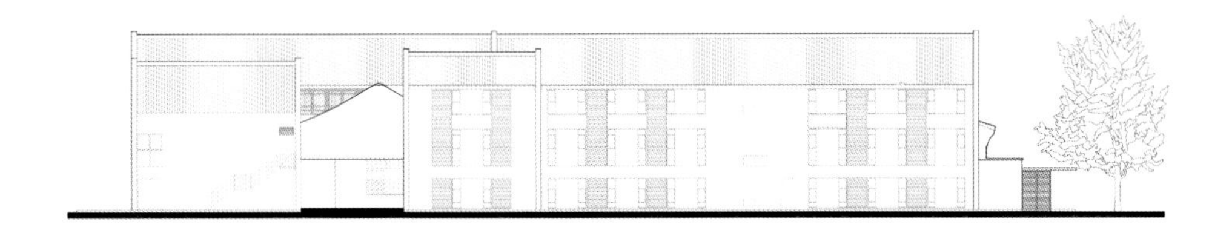

府山悦北立面图

原址保留的大樟树
摄：2023 年

大樟树与府山悦大堂吧。

府山悦内庭院
摄：2023 年

现代庭院水景设计。

室内设计手法延续府山隐的风格，黑色石材、木吊顶、玻璃幕墙，营造的是轻松、时尚的氛围。纯粹通透的玻璃盒子大堂，修旧如旧地将张神殿改造而来的大堂吧，以及古樟树、庭院、餐厅等被有机地串联起来。

府山悦大堂 1
摄：2023 年

府山悦大堂 2
摄：2024 年

隐喻中式山水禅意。

府山悦餐厅内景
摄：2024 年

新旧元素完美结合。

府山悦内景一角

摄：2024 年

空间和绍兴元素相得益彰。

府山悦客房
摄：2024 年

Loft 客房在整个场地的东侧，共 11 间。沿环山路错落排开，丰富了环山路的城市界面，弱化了体量感。一层为会客厅，二层为卧室和阳台，每套客房设有自己的单独内庭院，营造成静谧休闲的休息场所。从客房落地窗看出去，是绍兴饭店内高低起伏的屋面以及树木、小青瓦、青苔等景观，体现出江南园林的诗意。

府山悦客房场景
摄：2024 年

府山悦客房会客厅
摄：2024 年

2019 年 12 月 27 日

府山隐场地平整。

2020 年 3 月 16 日

府山隐打桩。

2020 年 10 月 22 日

府山隐地下室东区开挖。

2020 年 10 月 22 日

府山隐地下室西区支撑。

2021 年 3 月 26 日

府山隐东区地下室出地面施工。

2021 年 7 月 15 日

府山隐结构验收。

2022 年 4 月 19 日

府山隐外立面效果。

2022 年 6 月 30 日

府山隐核心景观施工。

2022 年 6 月 30 日

府山隐台门。

2023 年 1 月 17 日

府山隐大堂初现。

2023 年 1 月 17 日

府山隐核心景观效果初现。

2023 年 1 月 17 日

府山隐宴会厅细部。

2020 年 10 月 22 日

府山悦地下室支撑上来。

2021 年 3 月 26 日

府山悦出地面施工。

2022 年 4 月 19 日

府山悦张神殿效果。

2022 年 6 月 30 日

府山悦立面效果。

2023 年 1 月 17 日

府山悦古樟树健康生长。

合°山水质有而趣灵

绍兴饭店得益于环山路贯穿其中，整个酒店既有国宾馆的肃穆庄重，更是一处开放的人文与自然交叠的历史古城。古色古香的庭院水景，优美的梧桐林荫道。

然而世俗的山水是具象的，自然的。建筑归根结底是形式构成的物质载体。我们在设计过程中提炼抽象的山水苑园元素，模拟重塑城市山林的场景。山、石、屋顶、窗、柱，这些自然与传统的元素，抽离重组成为新的建筑形态的重要符号。传统大屋顶勾勒出的连续线条，表征连绵的山势，前后高低错落的片墙构成最生动的建筑侧面，重新定义建筑实体与城市景观世俗场景之间的边界。雕花镂空的窗扇与模数化的柱列，则是建筑师致敬传统的建造经验。由此，完成建筑内与外、城市与山林之间自然而然的情境切换。

绍兴饭店整体鸟瞰图
摄：2023 年 10 月

2002 年 10 月卫星

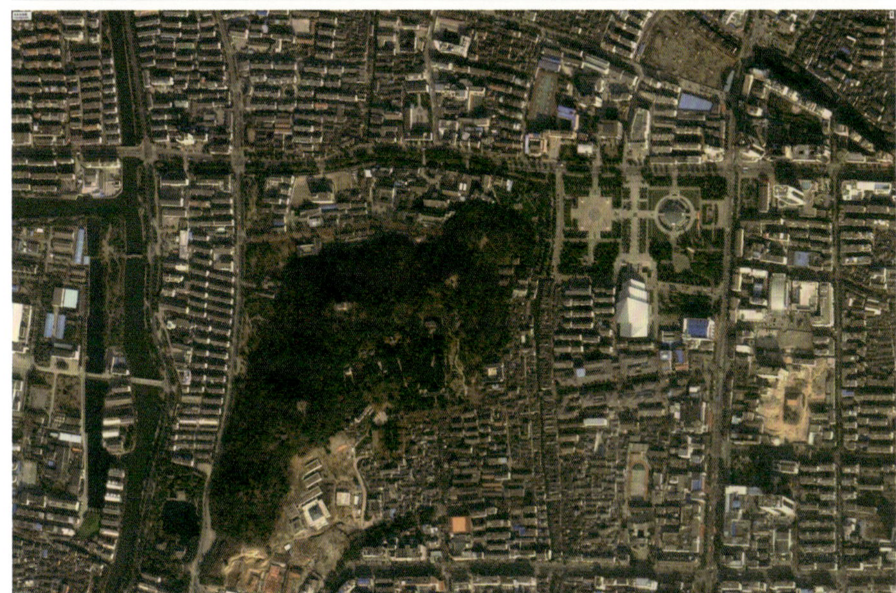

2009 年 12 月卫星

2013 年 7 月卫星

2016 年 6 月卫星图

2020 年 2 月卫星图

2023 年 4 月卫星图

新与旧
摄：2023 年

上图：远瞰多功能厅
摄：2023 年

下图：前景
摄：2023 年

上图：大堂厅的婚礼草坪
摄：2023 年

下图：保留记忆中的环山路
摄：2023 年

环山路传统场景重塑细节
摄：2023 年

上图：望向大堂
摄：2023 年

下图：韩家池景象
摄：2023 年

续°府山怡

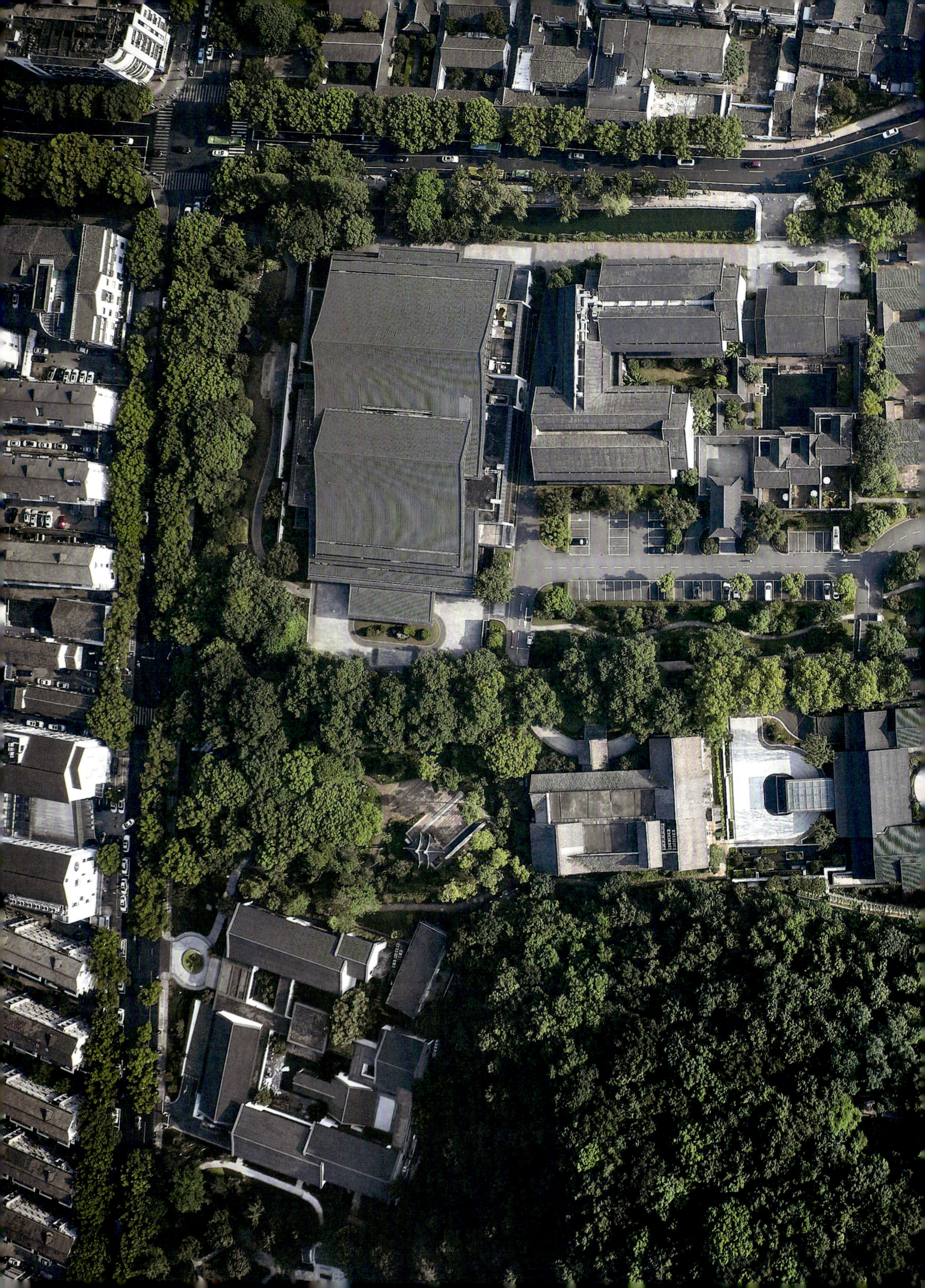

绍兴饭店建成后航拍
摄：2023 年

绍兴饭店 – 新大堂

项目设计团队

设计指导：董丹申、黎冰

主创建筑师：胡慧峰

建筑：蒋兰兰、章晨帆、彭荣斌、吕宁、蓝文忠等

结构：张杰、郑晓清、丁子文、沈泽平

给水排水：易家松、雍小龙、陈浩（市政分院）

暖通：潘大红、李咏梅

强电：吴旭辉、肖舒峥

智能化：马健、倪高俊

装饰：李静源、叶坚、林云辉、田丰畅、胡栩、彭文辉等

景观：吴维凌、吴敌、徐聪花、王洁涛、朱婧、李文江等

泛光照明：庞笑宵、俞媛铭

幕墙：史炯炯、蒋扬、姜浩

建筑声学及舞台灯光：池万刚

古建修复：肖民

结构加固：顾正维、钱涛

建筑经济：褚铅波

EPC 事业部：胡海鹰、刁岳峰、吴显扬及分管领导周家伟副书记等

行政助理：徐一菡、吴安格

绍兴饭店 – 多功能厅

项目设计团队

设计指导：董丹申、黎冰

主创建筑师：胡慧峰

建筑：蒋兰兰、章晨帆、彭荣斌、吕宁、蓝文忠等

结构：张杰、郑晓清、丁子文、沈泽平

给水排水：易家松、雍小龙、陈浩（市政分院）

暖通：潘大红、李咏梅

强电：吴旭辉、肖舒峥

智能化：马健、倪高俊

装饰：李静源、叶坚、林云辉、田丰畅、胡栩、彭文辉等

景观：吴维凌、吴敌、徐聪花、王洁涛、朱婧、李文江等

泛光照明：庞笑宵、俞媛铭

幕墙：史炯炯、蒋扬、姜浩

建筑声学及舞台灯光：池万刚

古建修复：肖民

结构加固：顾正维、钱涛

建筑经济：褚铅波

EPC 事业部：胡海鹰、刁岳峰、吴显扬及分管领导周家伟副书记等

行政助理：徐一菡、吴安格

绍兴饭店 – 府山隐、府山悦

项目设计团队

设计指导： 董丹申、黎冰

主创建筑师： 胡慧峰

建筑： 章晨帆、蒋兰兰、蓝文忠、张帆、王钰萱

结构： 张杰、何立宏、洪江波、曹顺宇、吕君锋

暖通： 王亚林、潘大红、黄云舟、孙义豪

给水排水： 易家松、付佳林、蔡昂

电气： 吴旭辉、张玲燕、俞良、杜枝枝

智能化： 倪高俊、马健

装饰： 楚冉、方寅、孔祥、马娟、朱全全

幕墙： 史炯炯、王建忠、苏泽奇

照明： 庞笑肖、俞媛铭、肖舒峥、郑龙

园林： 吴维凌、王洁涛、章驰、吴敌、张雨晨、徐非同、顾静娴

园林植物： 敖丹丹、黄静宜

园林给水排水： 钱晓俊

园林结构： 方俊杰、李少华

岩土： 陈赟、赵志远、韩嘉明、杨勤锋、胡根兴

谨以此书《绍兴饭店更新改造图录》，献给历史古城绍兴，献给为此贡献了日日夜夜的所有设计、施工、管理和所有参与者，献给绍兴饭店！